# 優しさと感動のこだま

～ある企業の軌跡～

池森賢二

講談社

## はじめに

今までに素晴らしい人々との出会いの中で、
たくさんの感動をいただきました。
社員・従業員、そのご家族、協力各社、そして株主、
私にとってはすべてが大切ですが
中でも一番大切なのはお客様です。
これらの出会いがなかったら、
私はおごった経営者になっていたかもしれません。

ファンケルとお客様とは信頼で結ばれてきました。
お客様を思いやり、そして気遣うやさしい心が信頼を生み、
その信頼があってはじめて
お客様は品物を買ってくださるのです。
その収益があって社会貢献活動や新しい事業への取り組みなど
さまざまな企業活動ができたのです。
売り上げを追求するために何をするかではなく
お客様に喜んでいただき、
信頼を得ることを最優先に考えてほしいと思っています。

売り上げはあくまでもその結果なのです。

ファンケル創業25年を節目として、
2005年6月、私は取締役を退任いたしました。
これからも、多くの方々に支えられて、
ここまで成長できたことを感謝し、
「人間大好き」「人にやさしい」企業としての
ファンケルの存在意義を忘れずに、
大切に守り続けてほしいと切に願っています。

これまでに私が実際に見聞きしたこと、体験したことの中でも
特に私の考え方や人生に大きな影響を与えてくれた
素晴らしい出来事を一冊の絵本にまとめました。
この本が、社員にとって人を思いやる優しい人に育ってくれる
一助となり、また、一人でも多くの方にファンケルを知ってい
ただく機会になれば、この上ない幸せです。

2005年7月　㈱ファンケル創業者　池森賢二

## お前も一緒に行くんだよ

終戦から１年後、疎開先での思いがけない事故で
父を亡くしました。私はまだ小学生でした。
母は、残された５人の子どもを一人で支えるため、
朝から晩まで働きづめでしたが、
生活はますます苦しくなるばかりでした。
教科書のお金が要ると言って、
仕事に行く母を泣きながら追いかけたこともありました。
みじめでした。
でも、振りきっていく母はもっと辛かったに違いありません。

中学３年になり、修学旅行の季節がやってきました。
教科書も買えないような生活の中で、
修学旅行に行けるとは考えもしませんでした。
そんなある日、
担任の先生が私に修学旅行の集金係を命じたのです。
修学旅行に行けない私に、
なぜ先生は集金係などさせるのだろう？
不思議に思いながら、皆の旅費を集めました。

集金も終わり、集めたお金を渡しにいくと、
先生は参加者の名簿を見せてくれました。
その中には、私の名前もありました。

「お前も一緒に行くんだよ」
先生が微笑《ほほえ》みました。

先生は、なんとか私も修学旅行に行かせてやろうと、
旅費が払えないことが皆にわからないように、
私に集金係を命じたんだ……。

行けないと思っていた修学旅行。
あのときに訪れた京都・嵐山の景色を
私は一生忘れることはないでしょう。

## じっと見つめる母子の目

ガス会社に勤めていたころ。
市営住宅が完成し、
入居者にガス風呂釜の販売をしたことがあります。

次々と取りつけていくなかで
ある母子家庭の一世帯だけが、
お金がなくて取りつけられずにいました。

風呂釜を販売している私達を
じっと見つめる母子の姿が頭を離れません。
私の苦労した少年時代と同じだ。
なんとか風呂釜を取りつけることはできないか？

「入居して間もない家のご主人が急に転居になり、
風呂釜の処理を任されています。
取り付け費が1500円かかりますが、いかがでしょう」

相手の気持ちに負担をいだかせないように、
頭をひねって考えついた申し出に
母子の顔がぱっと明るくなりました。

代金の２万円は、
わずかな自分の小遣いの中から
分割で会社に支払いました。

母子の喜ぶ姿を見て、
人が喜んでくれることなら、
自分は少々犠牲になってもかまわないと思いました。

自分で考えてとった行動が、
人を幸せにできる喜びをかみしめることのできた、
忘れられない出来事です。

## 間違いに困って……

ガス会社でプロパン部に所属していたときのこと。
経理担当のある男性先輩社員が、請求金額をよく間違えるので、
ボンベを配達する私がお客様にお叱りを受けます。

気になって彼のことを注意して見ていると、
睡眠薬をのまないと眠れないほど神経質で、
仕事中でも時折、手がふるえていることがありました。
そんな彼にも２人の息子がいることを知りました。
ミスで退職させられるようなことになっては大変です。

お客様に間違った請求をしたくないという思いと
彼を助けようという気持ちも手伝って
私は通信教育で簿記の勉強を始めました。
簿記のおもしろさを知り、自分の仕事が終わった後に
彼を手伝うようになりました。
その後、私は経理部へ配属されることになりました。

彼が辞めさせられてはかわいそうと
人助けのために始めた勉強でしたが、
実は後に自分の会社経営におおいに役立つことになろうとは。

あれから数十年。

彼が無事定年まで勤め上げたことを、風の便りに聞きました。

## わずかな相談料しかなくて

15年間勤めたガス会社を辞め、
仲間と少しずつ出資しあって、事業を興《おこ》しました。
年齢順で社長を決め、私は上から３人目で専務でした。
ところが、仕事はうまくいかず、上２人が辞めてしまいました。
私が社長としてがんばったものの、その後８ヵ月で倒産。
二十数人の債権者を一人ひとり訪ね歩き、
頭を下げて、借金の棒引きをお願いしました。

関係者に多大な負担と犠牲を強いる倒産は、最大の悪です。
死んだほうが楽だと思ったことも度々でした。

私は知人の弁護士の先生に相談に行きました。
「すみません、２万円しか持っていないのですが……」
そんな状況で、財布の中身を全部差し出した私を、
信頼できる人間だと思った、と後に聞かされました。

以来、手弁当で会社整理を手伝ってくださり、
おなかをすかせた私を見かねては
食事に連れ出してくれました。

雲の上の存在のような弁護士の先生が、味方になってくれた。
四面楚歌《しめんそか》の私にとって、こんな心強いことはありません。

それからも、ファンケルの会社設立をはじめ、
ずっと私は先生に支えられ、先生は私と出会ったことを
本当によかったと喜んでくださっています。

## 岩と哲にかこまれて

ファンケルを創業して
ようやく利益がでるようになった２年目のこと。

当時、相談にのってもらっていた税理士さんに
こんなことを言われました。
「利益をそのまま申告して税金を払うのはばかばかしい。
税金を少なくしたうちの半分を報酬として私にくれれば、
少なく申告してあげますよ」

本来、企業は利益をあげ、税金をしっかり払うことで
社会的に評価され、信頼にもつながるものと考えていた私は、
税理士の言葉に疑問を持ち、すぐに顧問を断りました。
そして取引銀行の支店長から
別の会計士の先生を紹介していただきました。

その先生は、非常に清廉潔白《せいれんけっぱく》で堅い人でした。
１円にいたるまできちっと申告し、
堅実で王道をいく経営指導をしてくれるので、
すっかり意気投合してしまいました。

先生はとても忙しく、私のところを訪れるときは
いつも夜の10時を過ぎていました。

そんな遅い時間でもいやな顔ひとつせず、私の夢を聞いてくれ、
経営について深夜まで語り合うこともしばしばでした。

この先生の指導のおかげで、
本当に手堅い経営を貫《つらぬ》くことができ、幸いにも
優良企業といわれるようになったのだろうと思っています。

弁護士の先生の名前は岩（イワ）がつく岩男。
会計士の先生の名前は哲学の哲（テツ）。
このイワとテツに教えられ、指導されて
私は堅い経営をすることができたのだと思っています。

## 通り過ぎる人と立ち止まる人

ある日、異業種交流会の仲間たちと
重度の心身障害者の通《つう》所《しょ》施《し》設《せつ》を訪ねました。
当時の施設長らの10年以上にも及ぶ苦難の末完成させた、
障害児の訪問学級から発達した通所施設です。
障害者はベッドの中で生きるのが当たり前。
そう考えられていた時代に、
この通所施設の開所は、彼らを家族と共に、
地域の中で暮らすことを可能にしたのです。

何か私にお手伝いできることはないかと思い、
後日、再び施設を訪ねました。
「なぜ、こういう仕事をやろうと思われたのですか？」と
施設長に尋ねると、
「たいていの人は大変だろうなと思うだけで
通り過ぎてしまいます。
私は大変だろうな、何かお手伝いできないかと考え、
中に入ってきてしまっただけです」
社会には、通り過ぎる人と立ち止まる人がいるという。
「たまたま、あなたも立ち止まって
中に入ってきてしまったのよ」と微笑まれました。

「1000人に１人は障害者が生まれてしまいます。
その１人を残りの999人で支えるのは当然のこと。
その１人の存在があって、多くの人が健常者でいられるのです」
彼女の言葉は胸に響きました。

なんとか力になりたい。

それから、会社ぐるみでの交流が始まり、
この出会いが、ファンケルが社会貢献活動に
積極的に取り組むきっかけになったのです。

## 優しい地域の人たち

JR大船駅から歩くこと20分。
環境のよい横浜市栄区の飯島町に社屋を構えたのは
創業８年めの1988年のこと。

会社の成長にともない、社員の仕事もどんどん増えて
帰宅時間が遅くなりがちでした。
すぐ近くに高校があるものの、
夜７時には人通りもなくなり、道は真っ暗になります。
女性社員の多いわが社では、
用務員のおじさんが、明るい道に出るまで何往復もしながら
彼女たちを送り届けていました。

あるとき、そんな様子に気づいた町内の人たちから
思いがけないお話をいただきました。
「ファンケル社員のために
学校グラウンド脇の暗い道に街灯をつけましょう」

なんと優しい人たちなのか。うれしかった。

のどかな土地に社屋を建て、町内の人たちに
迷惑をかけてはいけないといつも気にしていたのに、
限られた町内会費の中から、街灯をつけてくれるというのです。

企業は地域社会に支えられて
成長することができるのだと思いました。

地域の人たちに少しでも恩返しがしたい。
心ばかりの寄付や、地域の夏祭りの開催、
社屋の１階を市民ギャラリーとして開放……。
感謝してもしきれない。今日もまたお世話になっています。

## 豊かな感情に感動

障害者の通所施設に足を運ぶようになって、
施設長からいろんなことを聞かされます。
―― いろいろなことがわからない人たちでも、
親が亡くなったらどうしようかという不安を持っている。
何か社会とのつながりを持って、
その中で自己表現をしていきたいという気持ちがある ―― と。

そこで、職員を中心にパンを焼き、
彼らにその手伝いをしてもらったらどうかという話が出ました。
若いころ、住み込みでパンを焼いていた経験がある私は、
力になれるならと、パン作りを教えることにしました。

やがて、その施設でパンを販売できるようになりました。
さっそく初日に、私も彼らの作ったパンを買いに行きました。
私の前に、近所から来た園児たちが２、３人並んでいました。
１人の障害者が慣《な》れない手つきで袋を取り、
次の人が数を数えてパンを入れ、
その次の人が金額を言ってお金を受け取る。
彼らの表情は実にイキイキとしていました。
私の番がきて、お金を払おうとすると、お金を受け取る係が
うめくような声を発したのです。
私は聞き取れませんでしたが、施設長の目が真っ赤です。

「彼女は、こう言っているの。
パン作りを教えてくれたあなたからは、お金はもらえないと」

恥ずかしながら、それまで私は、
彼らにこんなにも豊かな感情があることを知りませんでした。
このとき心から彼らと向き合っていくことを決めたのです。
いつでも風呂に入れるように24時間風呂の提供。
診療所のX線漏れを防ぐための工事。
職員を慰労するために始めた食事会が、通所者自身、さらに
そのご両親まで参加いただけるようになって、どんどん発展。
今ではわが社の重要な恒例行事です。
また障害者をもつお母さんの強さに心打たれて、
記録映画の製作のお手伝いもするなど
私はどんどん入り込んでいきました。

## 健食業界に黒船

長年、口内炎に悩んでいました。
健康食品の専門家の先生にローヤルゼリーを勧められ、
試してみると、３日間で治り、とても驚きました。

その先生が狭心症で倒れたとき、自分で治そうと、
箱根の山荘で栽培していた青汁の原料のケールを飲み、
なんと６ヵ月で改善してしまったのです。

私は、その山荘を訪ねては、先生の夢を聞かされていました。
「日本人の食生活はほんとうの意味で決して豊かとは言えない。
その証拠に生活習慣病の発病率が高い。
日本人には健康食品が必要だが、べらぼうに高く、
業界に対する信頼もあまりない。できれば
食品並みに毎日気軽にとれる世の中にしたい」

ところが、志《こころざし》半《なか》ばで夢を断念せざるをえないというのです。
私は興奮して身を乗り出しました。
「その夢を、ぜひ私に引き継がせてください。
その代わり、先生には全面的なバックアップをお願いします」

先生は目を輝かせ、「よし！　いっしょにやろう。
日本の健食業界に黒船到来だ。革命を起こそうじゃないか」

そのとき私は、背中がゾクゾクして汗をかき、
武者ぶるいしたのを覚えています。

「サプリメント」という言葉を用い、高品質で低価格を実現。
健康食品のイメージ一新に努めました。
ファンケルのこの挑戦が、日本のサプリメントブームに
火をつけるきっかけとなったのです。

**国民性の違い**

十数年前の冬、仕事でドイツに行ったときのこと。
夜も更けて、ホテルの部屋で眠っていると、
けたたましい音をたてて、非常ベルが鳴りました。
火事だ、火事だぁー！
パジャマのまま慌てて外に飛び出しました。
裸足の人もいました。

寒さに震えながら、１時間近くが過ぎたでしょうか。
あたりは静まり、火事の広がる様子も見られません。
ようやくホテルのスタッフが出てきて、説明がありました。
厨房のぼやだった……と。

数人の日本人が口々に言いました。
なんだよ、寒いなかこんなに長い時間待たせやがって……、
もっと早く連絡してくれよ。
近くにいたドイツ人とイギリス人たちは
互いに握手したり、抱き合ったりして喜んでいます。
よかった！　火事にならなくてよかった……。

寒い冬の夜に、充分なアナウンスもなく、
外で待たされた１時間。
それを怒るどころか、ぼやで済んだことを喜ぶ人たち。

私たちは忙しさのなかで、心のゆとりを失い、
大切なことを忘れていたのではないか……。

私は部屋に戻ると、今日の出来事を伝えようと、
日本で私の帰国を待っている社員たちに手紙を書いたのです。

## たった一本のハンドクリーム

日本を震撼させた阪神・淡路大震災が起きたとき。
我々にできることは何か？
救援物資を提供しよう、義援金を集めようと
社内のあちこちで声があがりました。

トラック一杯の野菜ジュースや下着、タオルのほかに、
現金1000万円をこえる寄付も送らせていただきました。
さらに、被災地の人たちの手が荒れていることを知り、
激震地区のファンケルのお客様５万名に
ハンドクリームを送ることにしました。

毎日数十通の感謝状が届きました。
── まさかの震災でした。
突然の激しい揺れは家中のものを破壊しました。
そんな中ハンドクリームのプレゼント、ありがとうございます。
震災を通してさまざまな人間の一面を見ることができましたが、
人の思いやりほど救われるものはないですね。
── 断水のため、水をもらってきては汲みにいく毎日の中で、
ついつい手も荒れがちでした。
ハンドクリームは大切に使わせてもらっています。
うれしくて涙が出ました。
── 心遣いが大変うれしく、目頭が熱くなりました。

これから立ち直っていく神戸を
末永く温かい目で見守ってください。

震災の惨状や自らの経験を社員にも知らせてほしいと
わざわざつらい体験を書いてくれたお客様もいます。

ハンドクリーム一本で、こんなに喜んでいただけるのか。
そのことだけで私は感動しました。

## 以心伝心

口紅に使われている色素のうち、紅花色素《べにばなしきそ》で
ごく一部の人がアレルギーになることを知りました。
お客様にこの事実を正直に報告し、口紅の販売を中止しました。

その結果、百数十人のお客様から反応をいただきました。
中には、「唇が荒れたり腫れたりしたにもかかわらず、
無添加だからと信じて使い続けた結果、ひどい状態になった」
という方がいらして、お客様の期待を裏切ってしまいました。

しかし、怒られて当たり前のはずなのに、
90パーセントを超える人たちから予想外の励ましの言葉を頂戴し、
うれしくも、身の引き締まる思いがいたしました。
「よく正直に発表してくれた」
「原因がわかり、ホッとした」
「この正直さがファンケルらしい良いところだ」
「私はアレルギーを起こさずに気に入って使っていたが、
ますます信頼が増した」
「これに懲《こ》りず、ぜひ次の新製品にチャレンジしてほしい」
「アレルギーを起こしやすい肌質なので、
今度は私がモニターになってあげます」

お便りを拝見した口紅の開発者は泣いていました。

通常では考えにくい、このお客様のやさしさはなぜでしょう？
多少思い上がった考えかもしれませんが、
お客様を思いやる心が社員全体のやさしい心となって、
以心伝心でお客様に伝わっているのかもしれない。
そうとでも思わないと説明のつかない温かい反応でした。

このような素晴らしいお客様を、絶対に裏切ってはいけない。
ずしりと重い責任を改めて感じました。

## 創業者冥《みょう》利《り》につきる

15周年を迎えたころ、忘れられないお手紙をいただきました。

――――私は自分の肌に合う化粧品を必死に探しました。
「肌トラブルが起きても、使っているうちに慣れます。
多少のトラブルは覚悟しないと、どこの化粧品も使えませんよ」
こんなことを言われ、いやな思いをしながら探し続けました。
信頼のできる店員もいない。安心して使える化粧品もない。
肌がひび割れ、二度と元に戻らないのではと、
大泣きしたこともあります。

「なぜ私の肌はこんなに敏感なの？」
「なぜ私だけこれほど苦しまないといけないの？」
みんなと同じように化粧をしたい、ただそれだけなのに。

そんなある日、折り込みチラシでファンケルを知りました。
ワラにもすがる思いで、その無添加化粧品を試してみました。

翌朝、洗面所で鏡を見て、自然と涙がこぼれました。
肌トラブルもまったくなく、肌がきれいになっていました。
やっと自分の肌に合う、信頼のおける化粧品に出会えたのです。
美容相談に電話をして、ライフサイクルや肌のメカニズムなど
私の肌を気遣う対応にも感激しました。

あのときファンケルに出会っていなければ、
今ごろ私の肌はどうなっていたことか。
ほんとうにありがとうございました……。

私はこのお便りを何度も読み返し、
この事業を始めて本当によかったと心の底から思いました。

## 間に合った誕生日プレゼント

ガンで余命いくばくもないと言われたお父様が、
髪の薄いことをとても気にしていたという。
そのお嬢さんから、頭皮を軽く叩いて刺激すると
育毛を促進する「ウッディタントン」を
誕生日プレゼントにしたいと、注文のハガキが届きました。

誕生日直前でした。急いで発送しなくては。
ハガキを読んだ社員は、大急ぎで商品を箱に詰めたものの
宅配便のトラックはすでに出発した後でした。
このままでは明日の誕生日に間に合わない！

その社員はバイクに乗って、トラックを追いかけました。

数日後、そのお客様から手紙が届きました。
兄弟の方までもがお名前を連ねたお礼状でした。

「ギリギリに注文したにもかかわらず、
すぐに届いたのでとても驚きました。
おかげさまで、父の誕生日に間に合いました。
父はプレゼントをとても喜んで、ベッドの上でうれしそうに
頭をトントン叩いてマッサージをしていました。
その翌日、父は亡くなりました。
でも、最後に誕生日プレゼントを渡すことができてよかった。
ファンケルのやさしい心配りに感謝しています」

素晴らしい社員の行動と、
お客様の心がひとつに結ばれた出来事でした。

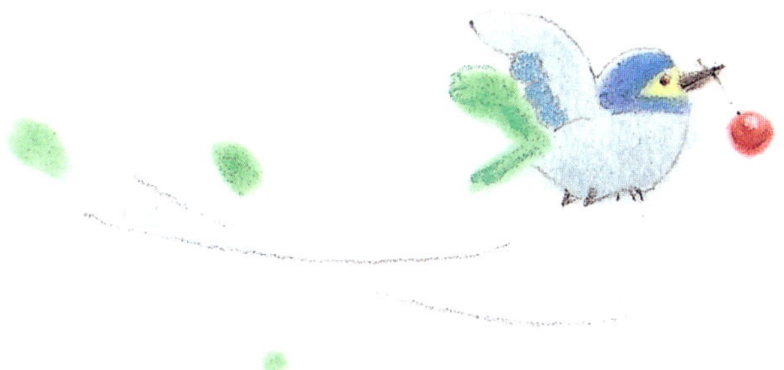

## 自信をつけた息子

障害者に職業訓練をしている人から、
どんなに訓練をしても、就職先がないのが辛《つら》く残念だ
という話を聞きました。
何かお役に立ちたいと思い、障害者の雇用と社会的自立を促す
場として、特例子会社ファンケルスマイルをつくりました。

就労援助センターで訓練をした重度の知的障害者が
ファンケルスマイルで働きはじめて６ヵ月が過ぎたころ、
その社員のご両親から、お手紙をいただきました。

――――息子にこんなことを言われました。
「もう一人で生きていける。
仲間と一緒にこの会社で働いていれば楽しい。
父さんと母さんがたとえ死んでも、
立派に生きていけるので安心してほしい」
会社に行きだしてずいぶんしっかりしてきたなと
感じてはいましたが、こんなにも成長していたとは……。
私たちがいなくなったら、この子はどうなるのかと
ずっと持ち続けていた不安が吹き飛んでしまいました。
社会的自立への道を切り開いていただいたご恩は
一生忘れません。――――

いきいきと一生懸命に働く社員たちの姿に
いつも励まされているのは私のほうなのに。
また、彼らの礼儀正しさにも感心し、
一般社員もおおいに見習うべきだと話しているくらいです。

ファンケルスマイルを設立して６年目を迎えた今もなお、
一人も辞めることなく、
みんな元気に働いているのが、私の自慢です。

## 手助けをしてくれるお客様

開業間もないファンケルハウス２号店を訪ねました。
３坪ほどの小さな店舗ですが、売り上げがすこぶる順調で、
どんな工夫がなされているのか、見たかったのです。

一日数百人ものお客様がいらっしゃるので、
時間帯によっては、隣のお店に迷惑をかけるほどの
行列ができてしまいます。
お客様の質問にも、充分にお答えするゆとりがありません。
そんなとき、ベテランのお客様が、
「あなたはレジでお客様の対応をして。説明は私がするから」と、
スタッフの代わりをしてくれるのだそうです。

お客様との人間関係がここまで形づくられていることに
驚くと同時に、こんなにやさしい心配りをしてくださる
お客様に恵まれていることを知ってうれしくなりました。

この店の近くに
もうひとつ、ファンケルハウスができたときのこと。

お店のスタッフが、「ここよりも広いお店で、
化粧品を試したり、メイクをしたりできますので、
ぜひ見にいってみてください」と伝えると、
「もちろん見にいきますよ。
でも、商品を買うときは、
あなたのこの店に買いにきますからね」

お客様との心の交流に支えられて、
ファンケルはあるのだと思います。

## 社員はわかっている

初めて百貨店に店舗を出店したときのこと。
となりは大手化粧品メーカーのお店だったので、
スタッフたちは、なんとなく肩身の狭い思いをしていました。

ところが出店して３ヵ月目に、
なんとその大手化粧品メーカーの売り上げを超えたのです。
スタッフたちは、あまりの嬉しさに、
となりの店に遠慮しながら、
バックヤードに隠れて、皆で握手したというのです。

私は常日頃、店のスタッフたちに、
「売り上げは目標にしなくていい。
みんなで仲良く働いてくれるほうが嬉しいから」
と言っていました。

ノルマを課したこともありません。
にもかかわらず、やはり売り上げが上がると皆で握手するほど
嬉しいと思うのが本能なのでしょうか。

売れ売れと強要しなくても、
売り上げを上げることで、
自らの給与などがまかなわれ、会社も繁栄していくことを
社員たちは本能的に知っています。

売り上げを上げることを目標にするのではなく、
お客様を大切にすればいい。
お客様の満足を追求することが大切なのだ。

そう言いつづけていくことが正しいのだと、
ますます信念を強くした出来事でした。

## 売らないことで得る信用

あるとき、入社してしばらく経った社員から、
彼が入社しようと思ったきっかけについて、
こんなことを聞かされました。

――――私の家内が、ファンケルハウスに
買い物に行ったときのこと。
しみを隠すためのコンシーラーを買おうとすると、
「お客様のしみ程度なら、コンシーラーを使わなくても
ファンデーションで充分隠せます。
コンシーラーは、皮膚呼吸をしにくくするので、
できれば早くからは使わないほうがいいですよ」
と、店員にアドバイスされたのです。
必要のないものまで、
あれもこれもと売りつけられることが多い中で、
この会社は相手にとって
最もよいと思う提案をしてくれる。
興奮して話す家内の様子を見て、
ファンケルに入社しようと決めました。――――

お客様のことを考えて素晴らしい対応をした店員。
その対応に感激した奥さんの言葉に共鳴し、
入社してきた社員。

心と心の響きあいの中で、人との縁が生まれるのです。

その社員は、わが社の理念を受けて
大活躍してくれていることはいうまでもありません。

## 退職してもかわいい社員

十数年間、ファンケルに勤めていた社員が
退職することになりました。

それまで彼は、会社と病院を行き来し、
寝る間も惜《お》しんで妻の看病にあたっていました。
私もふたりのことが心配で、よく彼を励ましていたものです。
幸い、妻は奇跡的な回復をとげました。
しかし、妻の体のことを考えて、環境のよい田舎に引っ越し、
ふたりで農業をしながら暮らすことを選択しました。

事情を知っていた私は、退職を受け容《い》れたものの、
ほんとうに農業で生計をたてていけるのか、
親のような気持ちで心配していました。
そんな私に、ふたりは言ってくれました。
「最初に収穫した野菜は、会長に送りますね」

数ヵ月後、ふたりで育てた初めての野菜が届きました。
私にはもったいない気持ちとうれしい気持ちで
家の神棚にあげて、ふたりの今後の成功を祈りました。

野菜には、手紙が添えられていました。
「いつか自分たちの作った野菜を、自分たちで料理して、

自分たちの店で出したいと思っています。
そのときには一番に会長を招待させてください。
これからもファンケルへの感謝の気持ちを忘れずに、
ひとりのユーザーとして応援していきます」

この夫婦はファンケルで出会い、社内結婚をしました。
私にとっては身内のように感じていたふたりですが、
そんな彼らが、会社を辞めても、変わらずに連絡をくれる。

ふたりの作った野菜は、最高においしかった。

## 全社員の千羽鶴の祈り

入院中のお客様から、お手紙をいただきました。
「薬の副作用で、髪だけでなく眉毛まで抜け落ち、
切《せつ》ない毎日でした。そんな中にあって、
肌だけは少しもいたまなかったのはファンケルのおかげです。
孤独な部屋の中で、ファンケルの小瓶だけが、
唯一私を励ましてくれる存在でした。
生きているあいだは、ずっとファンケルを使い続けます。
よろしくお願いしますね」

感動しました。社員にこのことを伝えたところ、
早期回復を願い、千羽鶴を贈ろうという声があがりました。
次々と協力者が出て、あっという間に千羽になりました。

間もなく、お客様から返事が届きました。
「社会の流れから取り残されたような毎日の中、
励ましのお手紙と千羽鶴に、ファンケルの社員の方々と
自分とのつながりを感じ、心が温かくなりました」

われわれも早速返事を書きました。
「体調がよくなったら、ぜひ本社にお越しください。
お会いできることを楽しみにしています」

退院の連絡を今か今かと心待ちにしていましたが、
しばらくして届いた手紙は、その方の旦那様からのものでした。
「妻は回復したら、貴社を訪問したいと言っておりましたが、
それもかなわぬこととなりました。
千羽鶴を窓に飾り、完治を信じて闘病してきましたが、
病気に打ち克つことができませんでした。
製品の一愛用者でしかない者に、励ましの手紙や
千羽鶴を贈っていただき、ありがとうございました」

完治を願って懸命に鶴を折った社員たちに、
悲しい報告をしながら、涙がとまりませんでした。

## 杖をついた優しい天使

ファンケル創業から25年。
今まで支えてくださった一人でも多くのお客様に
感謝の気持ちを伝えたいと思い、
北海道から沖縄まで全国15ヵ所で、
御《お》礼《れい》行脚《あんぎゃ》のフォーラムを開催しました。

ある会場で、リウマチを患《わずら》うお客様から声をかけられました。
「今日はどうしてもお伝えしたいことがあって、
痛み止めの注射を打って、入院先から直接駆《か》けつけました。
ファンケルハウスの社員の方が皆やさしく
素晴らしい対応をしてくれて、
いつも気持ちよく買い物ができます。
先日は店長さんが、
私の体調を気遣って、病院までお見舞いに来てくれたんです。
そんな素敵な社員さんたちがいることを、
会長さんに伝えたくて……」

痛み止めを打ち、杖をついて、会場に来てくれた。
しかも社員の行動を誉《ほ》めるために……。
なんてやさしい心の持ち主なのだろう。

私はうれしくなって、その店長に伝えると、彼女は恥ずかしそうに微笑むばかりでした。

やさしい社員と、やさしいお客様に支えられて
ファンケルが存在することを
私は誇りに思います。

**本書によせて**

この絵本のタイトルを「優しさと感動のこだま」としたのは、優しさや感動がこだまして、さらに優しさと感動を生み、周囲の人たちをその渦に巻き込んでいくものだと思ったからです。経営においても最も大切なことは人を思いやる心だ、と今でも信じています。

最後になりましたが、出版にあたり全面的にご協力いただいたイラストレーターのふじしま青年さん、ブックデザイナーの青木澄江さん、(株)講談社広告制作部の白須直美さんに心より御礼を申し上げます。

ありがとうございました。

(株)ファンケル創業者　池森　賢二

秘書として池森の側にいて、池森の人格そのものにファンケルの原点があることを実感しました。創業者池森の退任を一つの機会にそのことを形に残し、伝えていきたいと思いました。

親しみを持って読んでいただきたいと考え、企業経営者の体験談を絵本で表現するという新しい試みに挑戦しました。

この絵本が、一人でも多くの方々にファンケルという企業とその創業者の経営哲学を知っていただくきっかけになれば幸いです。

(株)ファンケル秘書室　牧野とも子

岸　　貴史

池森さんの誠実さや思いやりが、絵を通してすこしでも伝われればと描いてみました。

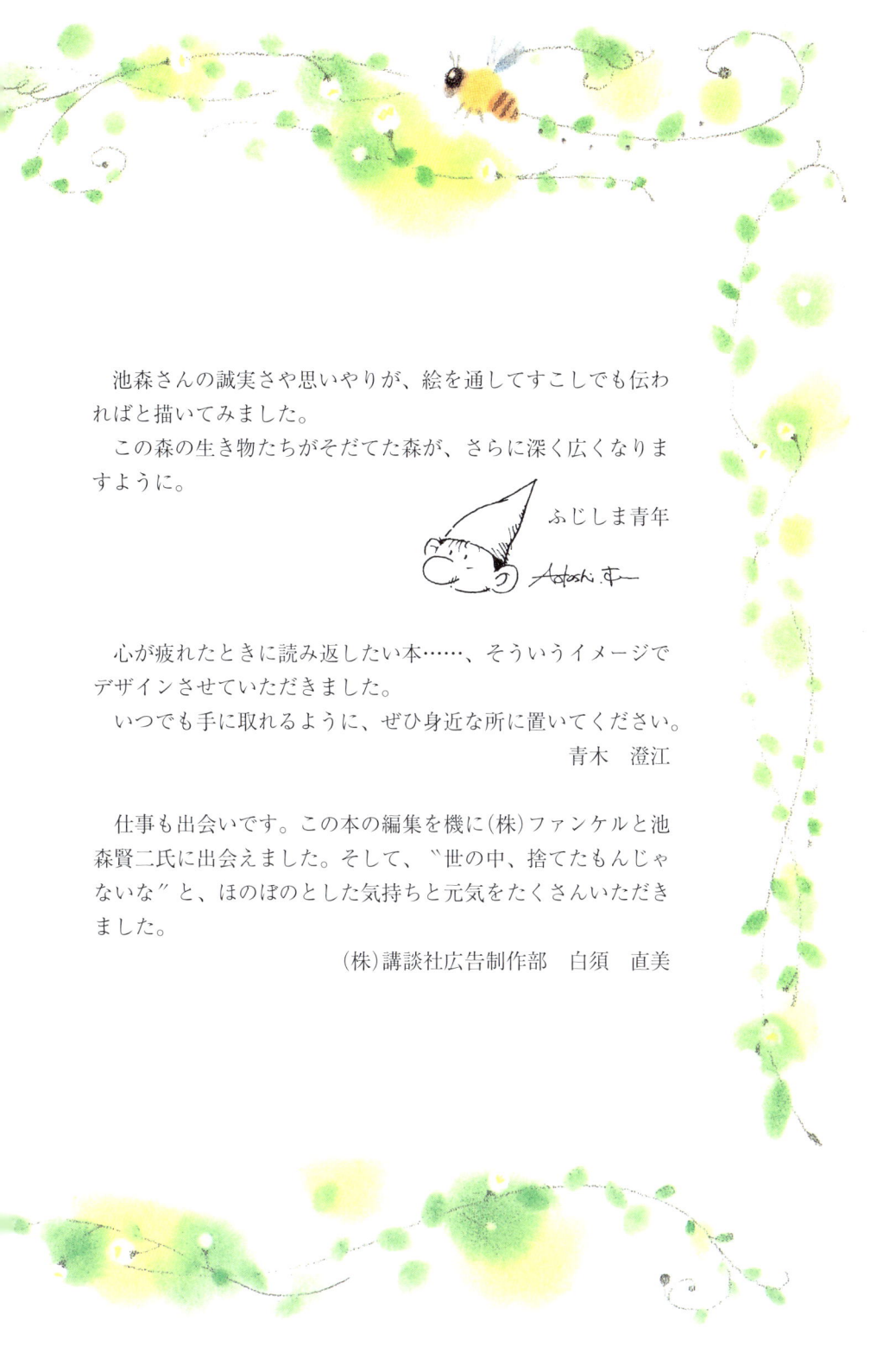

この森の生き物たちがそだてた森が、さらに深く広くなりますように。

ふじしま青年

心が疲れたときに読み返したい本……、そういうイメージでデザインさせていただきました。

いつでも手に取れるように、ぜひ身近な所に置いてください。

青木　澄江

仕事も出会いです。この本の編集を機に(株)ファンケルと池森賢二氏に出会えました。そして、〝世の中、捨てたもんじゃないな〟と、ほのぼのとした気持ちと元気をたくさんいただきました。

(株)講談社広告制作部　白須　直美

# 優《やさ》しさと感動《かんどう》のこだま

～ある企業《きぎょう》の軌跡《きせき》～

2005年7月1日　第1刷発行
2021年4月15日　第3刷発行

著　池森賢二《いけもりけんじ》
絵　ふじしま青年
装丁　青木澄江
企画　牧野とも子・岸貴史



発行者　鈴木章一
発行所　株式会社　講談社
〒112-8001 東京都文京区音羽2-12-21
電話　編集 03-5395-3452
販売 03-5395-3606
業務 03-5395-3602
印刷所　図書印刷株式会社
製本所　株式会社若林製本工場


ISBN4-06-213049-1